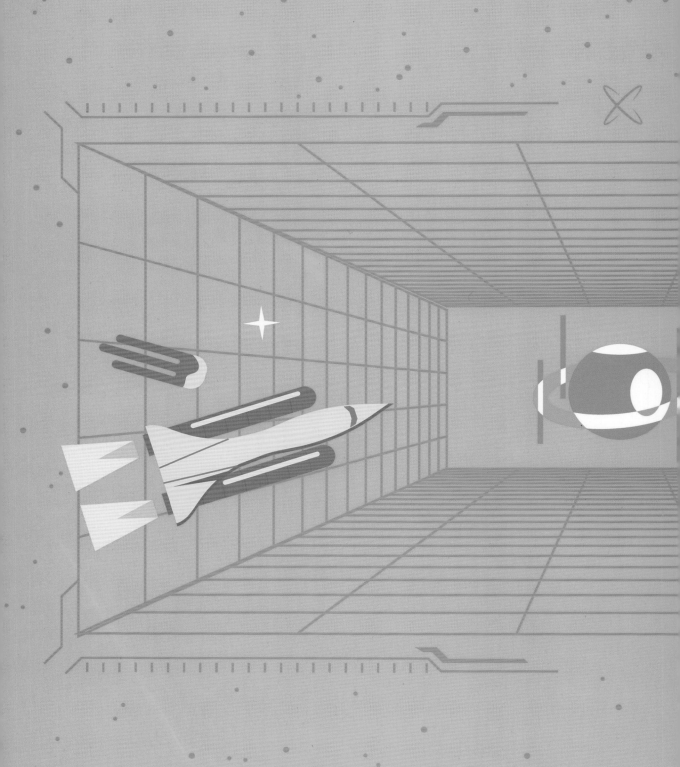

宇宙说

对话太空

《图说天下》编委会◎编著

北方妇女儿童出版社

·长春·

UNIVERSE
UNIVERSE
UNIVERSE

图书在版编目（CIP）数据

宇宙说 . 对话太空 /《图说天下》编委会编著 . —长
春 : 北方妇女儿童出版社 , 2024.3
　（少年博物）
　ISBN 978-7-5585-7130-5

　Ⅰ . ①宇… Ⅱ . ①图… Ⅲ . ①宇宙 – 少年读物 Ⅳ .
① P159-49

中国版本图书馆 CIP 数据核字（2022）第 230751 号

宇宙说 对话太空
YUZHOU SHUO DUIHUA TAIKONG

出 版 人	师晓晖
策 划 人	师晓晖
责任编辑	邱　岚
整体制作	北京华鼎文创图书有限公司
开　　本	720mm×787mm 1/12
印　　张	4
字　　数	15千字
版　　次	2024年3月第1版
印　　次	2024年3月第1次印刷
印　　刷	文畅阁印刷有限公司
出　　版	北方妇女儿童出版社
发　　行	北方妇女儿童出版社
地　　址	长春市福祉大路5788号
电　　话	总编办：0431-81629600
	发行科：0431-81629633
定　　价	45.00元

目录

CONTENTS

宇宙究竟什么样

这本书将我们从小小的太阳系带到浩瀚的宇宙，前往银河系及银河系外的宇宙星际空间。自古以来，人类对宇宙的探索从未停息，但宇宙真正的面貌是什么样子呢？宇宙有多大呢？它由什么组成的？现在，让我们一起踏上这场神秘之旅，揭开宇宙的神秘面纱吧！

> 宇宙辽阔，光阴漫长，
> 能与你共享同一颗星球和
> 同一段时光是我的荣幸。
> ——卡尔·萨根

极深场

这是哈勃空间望远镜用可见光拍摄的宇宙最深处的照片。照片中最遥远的星系的光是在130亿年前发出的，这个时间距离宇宙大爆炸非常近。

什么是宇宙

宇宙是包括时间、空间和所有物质在内的统一体，它包括行星、恒星、星系、各种粒子、能量等。目前，我们已经探测到的宇宙年龄为137.7亿岁。

宇宙中存在着无数的恒星（大多数星星和太阳都是恒星），有科学家推测说它们比地球上全部沙滩的沙粒数量还要多。宇宙如此之大，我们还不能真正确定它的起点和终点在哪里，但可以利用来自太空中恒星和星系的光线去研究宇宙的起源和可能的终结。

宇宙到底有多大

这是一个至今没有被完全解答的问题。因为我们无法确定宇宙的边缘在哪里——如果它有的话。我们目前所知的宇宙是一个直径为930亿光年的"星球"。

这也就不难理解，我们使用的望远镜"看到"的宇宙都是它的早期样貌——因为我们看到的星光都是那些恒星和星系在数千年，甚至数十亿年前发出的光呀！

宇宙的**形状**

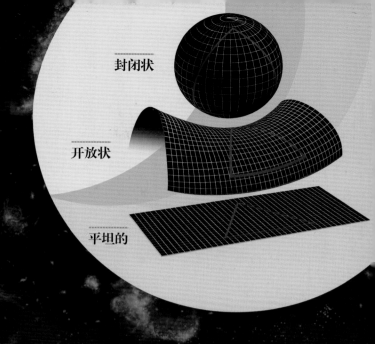

宇宙是如此广袤无垠，以至于我们虽置身其中却无法感受到它的形状。但科学研究表明，宇宙的形状其实取决于它所包含的物质密度。当密度大于临界值时，宇宙是封闭的；当密度小于临界值时，宇宙是开放状的（鞍形）。观察结果表明，宇宙的密度非常接近于临界密度，因此它被描述为平坦的。一个完全平坦的宇宙没有边界，且将无限地膨胀下去。

封闭状

开放状

平坦的

原初宇宙

原初宇宙的艺术化呈现。大量成团的物质被不断扩大的空间分开。

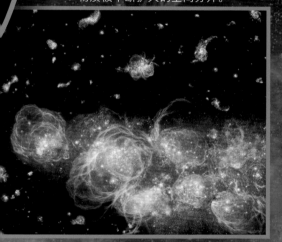

宇宙的**物质组成**

在无边的宇宙中，各种物质和能量交织躁动，构成了一个充满未知的宇宙空间。科学家推测，宇宙中只有约4.9%的物质是原子，其构成恒星、行星、气体和尘埃；还有26.8%是暗物质，是一种不可见的物质，只能通过对其引力效应的观测来推断其存在；而68.3%则是暗能量，暗能量是驱动宇宙运动的能量，能够推动宇宙加速膨胀。足以看出，在宇宙中，有生命存在的星球是如此罕见，以至于地球依旧是现在人类所知道的唯一具有生命的行星。

目前为止，我们对于宇宙的探索只是冰山一角，还有许多关于宇宙的问题一直让人类感到困惑，如宇宙的起源和最终归宿、我们的宇宙是唯一的还是多重的？人们从未停止对这些问题的探索。

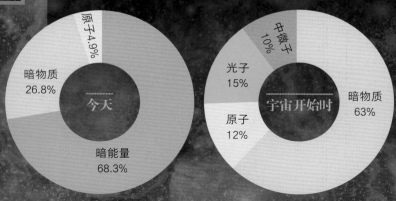

原子 4.9%

暗物质 26.8%

今天

暗能量 68.3%

中微子 10%

光子 15%

宇宙开始时

暗物质 63%

原子 12%

"砰"的一声

主流理论认为，
宇宙的诞生就像一个神秘宝盒，
在137.7亿年前的某个瞬间爆炸开启。
几乎与此同时，它就开始了膨胀过程。
在这个过程中，萌生了恒星、星系和其
他所有布满当前宇宙的物质。

大爆炸之前

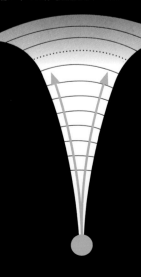

宇宙为何会在那一刻诞生？这是科学界的一大谜团。最坚实的理论认为，
宇宙是从一个极其致密且极热的点出现的。这个点被称为"初始奇点"。因为
这个点的爆炸才诞生了宇宙，我们可以把它看作孕育宇宙的"胚胎"。

事实上，我们无法回溯奇点之前的时间，因为宇宙的物质、空间和时间本
身都由这个"大爆炸"而来，好比我们无法回到自己出生前的时光一样。这次
巨大的爆炸就像宇宙的"初生之痛"一样，标志着宇宙的时间和空间的起点。

如今，我们已经无法知道在宇宙诞生之初，那个被称为"初始奇点"地方
的情况到底是怎样的。

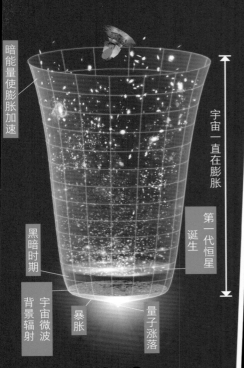

暗能量使膨胀加速

宇宙一直在膨胀

第一代恒星诞生

黑暗时期

背景辐射

宇宙微波

暴胀

量子涨落

宇宙的**化学演化**

大爆炸数亿年后，宇宙终于开始形成原始恒星。原始恒星中的大质量恒星就像是一个热闹的炸药厂，它会消耗核心里的氢和氦进行核聚变，从而生产出更重的元素。这是一个连续的聚变反应，先产生碳，然后是氖、硅和氧，直到形成镍和铁——这一刻标志着恒星最终爆炸成为超新星。金和其他大质量元素主要是由中子星的剧烈核聚变产生的。

大爆炸后约92亿年，形成太阳系。

大爆炸后5.5亿年，形成早期恒星。

大爆炸后约38万年，形成氢原子和氦原子。

大爆炸后不到1秒钟，形成质子和中子。

宇宙在**膨胀**

大爆炸后，宇宙无休无止的膨胀就开始了。宇宙是如何膨胀的呢？我们可以把现在观测到的宇宙比做一个气球。在这个气球表面，有无数个代表星系的小点。一旦气球内充满了气体，这些小点就会四散奔涌，仿佛宇宙在不断地往外膨胀。

根据哈勃常数，星系的退行速度随着距离的增加而增加。普朗克卫星测量得出哈勃常数为68千米/（秒·百万秒差距）。这意味着一个星系与地球的距离每增加100万秒差距（3262000光年），其远离地球的速度就增加68千米/秒。这个数字，简直是快得惊人！

你我皆**星辰**

在宇宙几亿岁的时候，出现了第一代恒星。当它们以超新星的形式结束生命的时候，就把比氢和氦更重的元素播向太空，从而形成星云和星系。过了130多亿年后，才出现了人类。人体中负责运输氧气的血红蛋白中的铁元素、DNA中的氮元素、牙齿中的钙元素等，都是来自于爆炸的星星抛洒的物质。

短短600万年的人类历史，在宇宙面前不值一提！

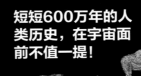

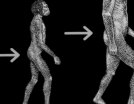

满天都是小星星

开尔文（k）是国际温度单位，它与摄氏度（℃）的换算关系是：摄氏度（℃）=开尔文（k）-273.15。

夜晚的点点繁星，看起来微小又遥远，
就像是遥不可及的钻石点缀在广袤的夜空中。
假如我们能驾驶宇宙飞船靠近这些闪烁的星星，
将会发现它们和太阳极其相似，都是耀眼的恒星。
这些恒星同太阳一般以惊人的速度自转着，
但由于它们距离较远，我们仅凭肉眼无法察觉到
它们的移动。

M型
表面温度介于2400~3700开尔文，主要发出橙红光。

K型
表面温度介于3700~5200开尔文，主要发出橙光。

G型
表面温度介于5200~6000开尔文，主要发出黄光。

F型
表面温度介于6000~7500开尔文，主要发出黄白光。

A型
表面温度介于7500~10000开尔文，主要发白光。

B型
表面温度介于10000~30000开尔文，主要发蓝白光。

O型
表面温度超过30000开尔文，主要发蓝光。

天上的星星有几种

你有没有发现，天上的星星好像长得都一样，我们很难分辨出它们的颜色、大小和形状。实际上，它们的颜色各不相同，有红、蓝、白等颜色。

星星为何有这么多颜色呢？要回答这个问题，我们先来了解一个新名词——OBAFGKM恒星分类系统。关于这个恒星分类系统的诞生缘起，还有个传奇的小故事。

1882年，一个名叫亨利·德雷珀的美国富豪迫切希望弄清楚天上的恒星到底有哪些种类。他去世后，其遗孀捐赠一大笔钱资助哈佛大学天文台的研究团队。团队中美国天文学家安妮·坎农提出了一种分类标准：可以用恒星的表面温度来对恒星进行分类。基于坎农的这个标准，该研究团队将恒星分成了7类，其中O表示最热，M表示最冷。

天文学家普遍认为，大约有一半的恒星是处于双星系统中的。两颗惺惺相惜、相互绕转的恒星的系统被称为双星系统。

天高地迥，觉宇宙之无穷。
——［唐］王勃

火柴盒大小的白矮星物质，质量至少相当于几头大象。

如何区分星星的亮度

仰望星空时，你有没有注意到有的星星亮，有的星星暗呢？科学家根据这一现象，提出了新的天文学概念——星等。

星等所标定的就是这些星星的明暗程度。古希腊天文学家喜帕恰斯将恒星分成6个等级，1等星最亮，6等星最暗。后人又将星等进一步细分，星等也可以是小数、零或负数。上述我们所探讨的只是它们的"视星等"，也就是我们站在地球上所能感受到的这些天体的星等。但实际上，由于恒星距离我们远近的不同，我们并不能获取它们的真实亮度（绝对亮度）。因此，科学家们又提出了"绝对星等"的概念。绝对星等就是把一个天体放在离地球10秒差距远（1秒差距=3.26光年）的地方后所观测到的星等。

半人马座α A星和B星
A星和B星构成了一个彼此绕转的双星系统，大概80年可以完成一圈公转。它们和太阳是同一类型恒星，称为黄矮星。

恒星演化进行曲

随着科学家们对宇宙探索越来越深入，他们很快就意识到OBAFGKM恒星分类系统的局限性——它并不能讲清楚天上到底有哪些恒星。那究竟是怎么回事呢？

赫罗图

丹麦天文学家赫茨普龙和美国天文学家享利·罗素发明了一种对恒星进行分类的图——赫罗图，它展示了不同恒星的温度和亮度。红色表示冷星，蓝色表示热星。大多数恒星都位于从左上方到右下方的这条对角线上，也称为主序星。

还有两个恒星密集区域。一是位于赫罗图右上角的红巨星，其表面温度较低，主要发红光，但绝对亮度很大；二是位于赫罗图左下角的白矮星，其表面温度很高，主要发白光，但绝对亮度很小。

白矮星

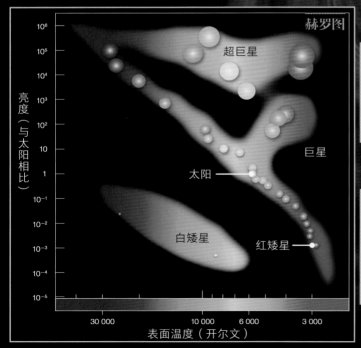

赫罗图

亮度（与太阳相比）

10^6
10^5
10^4
10^3
10^2
10
1
10^{-1}
10^{-2}
10^{-3}
10^{-4}
10^{-5}

超巨星

巨星

太阳

白矮星

红矮星

30 000　10 000　6 000　3 000

表面温度（开尔文）

红超巨星心宿二

杜甫曾写过："人生不相见，动如参与商"，此处商为心宿二。

太阳属于主序星

天文学家研究表明，太阳目前正处于精力旺盛的主序星阶段，预计太阳在这个阶段能停留100亿年。

恒星到底是什么

不过，这些研究依旧停留在恒星的类型上。你是否也感到好奇，恒星发光和发热的能量来源是什么呢？

直到1920年，英国天文学家亚瑟·爱丁顿提出的恒星演化理论才为我们回答了这一问题。他认为，具有生命力的主序星通过其中心区域的氢核聚变产生能量，而当中心区域的氢消耗殆尽时，恒星就会启动中心区域的氦核聚变并抛出外层的物质，从而变成一颗濒死的恒星，即红巨星。在抛出所有外层物质后，恒星只剩一个特别昏暗的小小内核，此时就变成一颗死掉的恒星，即白矮星。

白矮星和伴星
白矮星从伴星那里吸积物质，形成一个宛如海底漩涡的吸积盘。

伴星

正在靠近的两颗白矮星
这两颗白矮星将在大约7亿年后慢慢靠近并合并。这一事件将产生一颗耀眼的Ia型超新星，并摧毁这两颗恒星。

双星中的气体环
双星中的恒星位于绿色环状结构中心的一个亮点处。这个环起源于双星中质量较低的恒星向其红巨星伙伴盘旋时喷出的物质。

钱德拉赛卡
科学发展并非一帆风顺。尽管爱丁顿的恒星演化理论看起来无懈可击，但它其实没能解决一个核心问题：究竟是什么力量维持着白矮星的存在？

印度天文学家钱德拉塞卡认为，是白矮星内部的电子简并压阻止了其进一步的引力塌缩。但只要白矮星的质量超过太阳质量的1.44倍，其内部的电子简并压就无法再与引力抗衡，这颗白矮星就会继续塌缩下去。这个白矮星的质量上限，就是著名的钱德拉塞卡极限。

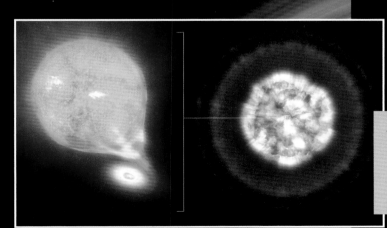

爆炸前与爆炸后的白矮星SN 2006X
红巨星正在以恒星风的形式损失气体，部分气体会被白矮星吸积形成吸积盘。当白矮星和吸积盘的总质量超过钱德拉塞卡极限，就会引发一场大爆炸，即Ia型超新星爆发。

恒星演化的尾声

爱丁顿的恒星演化理论向我们讲述了富有生命力的主序星到濒死的红巨星再到死掉的白矮星的过程。那你是否感到好奇，当白矮星质量超过钱德拉塞卡极限究竟会发生什么呢？恒星演化最终将归于何处呢？想要知道这些，就得知道两个天文学概念：中子星和超新星爆发。

脉冲星就是中子星

当白矮星的质量超过钱德拉塞卡极限，就会继续塌缩下去。塌缩的过程中，所有的电子将被挤进原子核内部，并与其中的质子结合而变成中子，这就形成了中子星。

由于中子星的发光面积太小，导致它的绝对亮度低到根本无法用望远镜看到的地步。因此，中子星很难被找到。

但意大利天文学家弗兰科·帕齐尼认为中子星只要拥有自转和磁场这两个条件，就可以被看到。因为目前观测到的盛年恒星几乎都拥有自转和磁场。那么，恒星死后塌缩成的中子星自然具有自转和磁场。

说到这里，你是不是也猜到了？乔瑟琳·贝尔发现的脉冲星，其实就是拥有高速自转和强大磁场的中子星！

中子星是非常致密的天体。一颗玻璃珠大小的中子星相当于几千艘航空母舰那么重。

偶然发现的脉冲星

1967年，一个名叫乔瑟琳·贝尔的女天文学家在分析数据时，突然发现了一个前所未有的诡异现象：一个天体每隔1.33秒，就会朝向地球发出一连串频率相同、强度也相同的无线电波。后来，人们将这种发射周期性射电脉冲的天体称为脉冲星。

模拟双中子星的碰撞过程

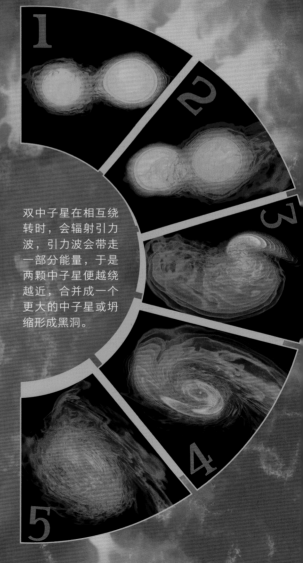

双中子星在相互绕转时，会辐射引力波，引力波会带走一部分能量，于是两颗中子星便越绕越近，合并成一个更大的中子星或坍缩形成黑洞。

壮观的烟花秀：超新星爆发

早在乔瑟琳·贝尔发现脉冲星之前，两位美国天文学家沃尔特·巴德和弗里茨·兹威基就在20世纪30年代首次提出了中子星的概念，并指出中子星应该是超新星爆发的产物。

超新星爆发到底是什么呢？巴德和兹威基发现，在大质量恒星向中子星转化的过程中，会产生剧烈的爆发现象，并伴随着极高的能量释放，其效果像是一场壮观的"烟花秀表演"。这就是超新星爆发。

超新星爆发还有另一种起源。1960年，英国天文学家福雷德·霍伊尔和美国物理学家威廉·福勒指出，白矮星爆炸也会产生超新星爆发。当白矮星吸食后的质量超过钱德拉塞卡极限就会发生一场大爆炸，其质量会完全转化为能量，从而释放出大量的电磁辐射。这个过程也叫做超新星爆发。

超新星遗迹N49

超新星遗迹是恒星在剧烈的超新星爆发后所遗留下来的残骸。图中纤细的丝状物看起来像烟花，实际上是来自恒星爆炸的碎片。

双星系统的超新星爆发过程

1 两颗恒星互相绕行，并逐渐靠近，较大的称为主星，较小的称为伴星。

2 主星演化得更快，膨胀成为红巨星。

像彩色飘带的超新星遗迹Cas A

Cas A距离地球11000光年，可能是银河系内已知的最年轻的超新星爆发事件。依据爆炸抛射物的膨胀率推测其应该在1681±19年爆发，但这一推测缺乏当时历史记录的支持。

3 主星爆炸成为超新星，光芒四射，甚至可以盖过伴星。

4 随着超新星的光芒消退，幸存的伴星变得可见于哈勃太空望远镜。

超新星爆发会产生黄金。超新星爆发过程中会通过核反应合成金等重元素，它们被散布到宇宙中后，会为后续的恒星和行星（比如我们的太阳系和八大行星）的形成提供丰富的原材料。据天文学家估算，超新星爆发产生的黄金占宇宙中黄金总量的10%。

恒星死亡即重生

超新星爆发是宇宙中最激动人心的事件之一。在短短几十天内，它的"烟花秀表演"所释放出来的能量，超过了大质量恒星上百万年间释放的能量总和。因此，超新星爆发对其所在的恒星育婴室来说是彻底的毁灭，但也会促进新恒星的诞生！

恒星的孕育过程

恒星之间的广袤无垠区域看似空空荡荡，实则不然。恒星之间并非是绝对的真空状态，而是存在一些物质，也就是所谓的星际介质。星际介质包含大约70%的氢、28%的氦以及2%的重元素。

几乎空无一物的星际介质，孕育了宇宙中所有的恒星。这听起来很不可思议，但是神奇的大自然却完成了这个不可能的任务。孕育恒星可分为三个阶段，请看右边。

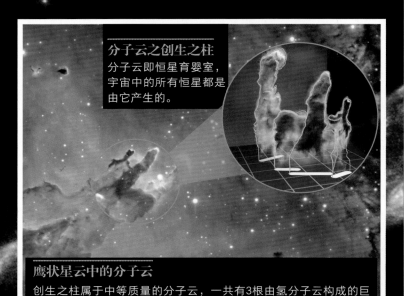

分子云之创生之柱
分子云即恒星育婴室，宇宙中的所有恒星都是由它产生的。

鹰状星云中的分子云
创生之柱属于中等质量的分子云，一共有3根由氢分子云构成的巨大柱子，每根柱子的长度都能达到好几光年。

1 从星际介质中产生分子云

星际介质并非完全均匀。当受到外部干扰时，星际介质内部会形成一些物质密集的地区。物质密集的区域会产生强大的引力吸引周围物质，物质越吸越多，引力也逐渐增强。最终，星际介质内部会有一片密度很大的区域，而这片区域中的物质一般以分子的形式存在，所以就被称为分子云。

2 从分子云中产生原恒星

刚开始时，分子云核心的温度很低，大概只有10开尔文（相当于-263℃）。在温度很低的情况下，分子云核心向外扩张的压力远远小于自身的引力。这时，分子云核心会处于加速收缩的状态。但随着外层物质越聚越多，它的温度会显著上升，当突破3000开尔文时，分子云核心就会进入减速收缩的状态，这也就形成了原恒星。

3 原恒星变成真正的恒星

我们可以把原恒星理解为胚胎状态的恒星。原恒星的温度会随其体积的收缩而不断升高。当温度突破某个临界值的时候（对太阳而言，大概是2000万开尔文），就会在原恒星的中心点燃氢核聚变。一旦点燃，原恒星就变成了一颗真正的恒星。

恒星新生的"助产士"：超新星爆发

之前我们讲过，大质量恒星终结时会产生超新星爆发现象。这对于超新星所在的恒星育婴室来说，无疑是一场灾难。超新星爆发释放的冲击波会迅速向周围扩散，这股巨大的力量足以将整个恒星育婴室摧毁殆尽。

然而，超新星爆发并非只有毁灭之力，它还承载着新生的希望。因为随着冲击波传播距离的增大，其威力会逐渐减弱。因此，远处的分子云并不会被超新星冲击波所毁灭，相反，它们会因此碎裂并孕育出新的恒星。

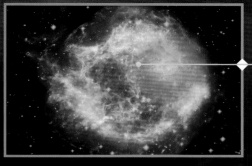

这张合成图表明，仙后座A超新星遗迹发射的辐射能量是可见光的10亿倍。此图使天文学家离了解宇宙射线的来源又近了一步。

天文学家在探索恒星诞生时的烟花状碎片中，捕捉到了此图。这表明恒星的形成也可能是一个剧烈的爆炸性过程。

醉后不知天在水，
满船清梦压星河。

——[元]唐温如

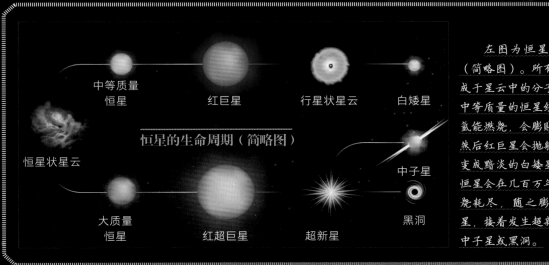

中等质量恒星　　红巨星　　　　行星状星云　　　白矮星

恒星状星云

恒星的生命周期（简略图）

中子星

大质量恒星　　红超巨星　　　超新星

黑洞

左图为恒星的生命周期（简略图）。所有的恒星都形成于星云中的分子云。大多数中等质量的恒星经过上亿年的氢能燃烧，会膨胀成红巨星，然后红巨星会抛射外壳，最终变成黯淡的白矮星。而大质量恒星会在几百万年内将氢能燃烧耗尽，随之膨胀为红超巨星，接着发生超新星爆发形成中子星或黑洞。

舞姿多彩的星云

前文中，我们已经游览了鹰状星云的创生之柱。
那么，你是否好奇何为星云呢？
星云是由尘埃与气体构成的巨大云团，它们遍布
整个宇宙。

星云的类型

星云按照发光性质可分为：发射星云、反射星云和暗星云等。发射星云被称为"恒星育婴室"，因为新生恒星是在发射星云那由气体与尘埃构成的巨大漩涡中形成的；反射星云通常是黑暗的，其由星际尘埃反射邻近恒星的光而显现；暗星云本身不会发光，但在后面明亮背景的衬托下，可以显现出自己暗黑色的形状。

礁湖星云

礁湖星云是位于人马座的发射星云，内部充满炽热气体，是许多年轻恒星的家园。它是许多天文爱好者十分熟悉并喜爱的天体之一，也是天文摄影的热门目标天体。

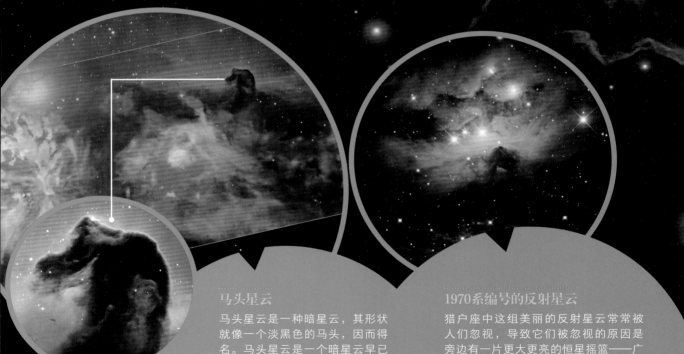

马头星云

马头星云是一种暗星云，其形状就像一个淡黑色的马头，因而得名。马头星云是一个暗星云早已成了常识，但它从被发现到被最终确认历经了百年。

1970系编号的反射星云

猎户座中这组美丽的反射星云常常被人们忽视，导致它们被忽视的原因是旁边有一片更大更亮的恒星摇篮——广为人知的猎户星云。这组星云的编号为NGC1977、NGC1975和NGC1973。

有趣的星云

原来宇宙中的星云也如此惊艳、有趣和浪漫！你看它们的形状变幻万千，有的像海豚，有的像螃蟹，还有的像蝴蝶。不由得让人感慨：宇宙真是最厉害的油画师。

猎户星云

猎户星云仿佛是一个展翅的火鸟，宇宙的浪漫和壮丽在它身上体现得淋漓尽致。这是一个发射星云，受到猎户座四边形辐射的激光而发光。猎户座四边形是隐藏在猎户星云最明亮区域中的聚星系。猎户星云范围约有16光年，距我们约1500光年之遥。

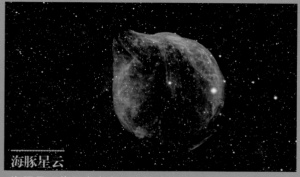

海豚星云

海豚星云位于大犬座，距地球约5200光年，年龄约为7万年，是宇宙中的一个大气泡。一颗炙热的大质量恒星吹出的快速星风形成了这个气泡。产生气泡的大质量恒星是一颗沃尔夫-拉叶星，它是一颗亮星。

蟹状星云

蟹状星云内部充满了神秘且复杂的纤维结构。蟹状星云跨度约10光年，星云中心有一颗脉冲星——也就是中子星，质量和太阳一样，但大小只有一个小镇那么大。蟹云脉冲星每秒旋转约30圈。

蝴蝶星云

蝴蝶星云位于天蝎座方向，距地球约3500光年，其气体"翅膀"翼展超过3光年，表面温度据估计超过20万摄氏度。它有一颗"老迈"的中央恒星，已经变得异常炽热，但被致密的尘埃环所掩盖，无法直接看到。

群星璀璨的中国古代天文史

日升月落，斗转星移。千百年来，中国人对宇宙的追问与探索从未停止。古人眼中的宇宙是怎样的？中国历史上，又取得过怎样辉煌的天文成就？

金嵌珍珠天球仪

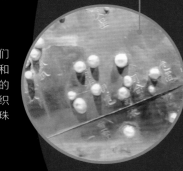

球面镶嵌着数千颗珍珠，它们象征着28星宿、300个星座和2200多颗星星。大小不一的珍珠代表着星星的亮度，像织女、天狼等这样的亮星，珍珠就会大一些。

三代以上，人人皆知天文

从盘古开天辟地、女娲炼石补天等神话故事中，可以窥见我国先民对宇宙结构的思考。

战国时尸佼对宇宙下了定义："四方上下曰宇，往古来今曰宙。"顾炎武在《日知录》中说："三代以上，人人皆知天文。"

据《尚书》记载，上古时代的帝尧（约活动于4300多年前）曾命令羲和"钦若昊天，历象日月星辰，敬授民时"，即根据天文观测编制历法。

20世纪60年代在山东莒县出土的距今约4500年的陶尊上，发现有由"日、月、山"等组成的符号，有人释为"旦"字，这是我国迄今发现最早的天象纪事。

中国古代出于纪时、农业生产，甚至是政治统治的需要，发展出一套独特的天文学体系。

天球仪通体皆是黄金，底座的纹路是翻涌着的海浪，目光往上，九条龙正裹浪盘绕，它们通力托举一个大球。

世界上最早的天文学著作：《甘石星经》

《甘石星经》是战国时期甘德和石申记录的一部天文学著作，主要记载了关于宇宙星系的变化。它是世界上最早有关恒星和五行星观测记录的书籍。

《甘石星经》中的《甘石星表》最早记录了恒星变化位置图表，石氏部分包括二十八星宿、中官与外官；甘氏部分则系统记录了金、木、水、火、土五大行星的运行，发现了五大行星的出没规律，记载了800颗恒星的名字，测定了120颗恒星的方位。

《甘石星经》中的《甘石星表》所记载的星座测量形式，是中国天文测量学上独特的赤道坐标系。这个星表也是世界上最早的星表，比古希腊天文学家依巴谷（又译喜帕恰斯）测编的欧洲第一恒星表大约早二百年。许多天文学家在测量日、月、行星的位置和运动时，都用到了《甘石星经》的数据。

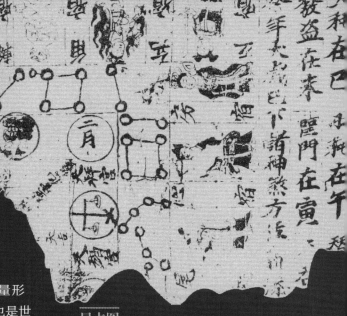

星占图

唐代新疆吐鲁番盗掘出土，已流失德国。这幅星占图残存二十八宿中轸（zhěn）、角、亢、氐（dī）、房、心、尾一共七个星宿以及黄道十二宫中双女、天秤、天蝎（残）三个宫。这是现存最早的我国黄道十二宫图像。

纪限仪

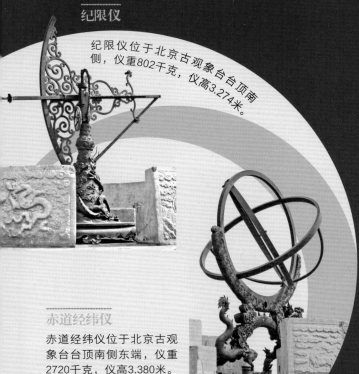

纪限仪位于北京古观象台台顶南侧，仪重802千克，仪高3.274米。

中国古天文台

中国是世界上天文学发展最早的国家之一，几千年来积累了大量宝贵的天文资料。而天文台，就是用来观测天象的高台建筑。据记载，夏朝时，便有了天文台，称为清台，商朝叫神台，到了周朝改称为灵台。在浩如烟海的古天文资料中，河南登封的观星台和北京古观象台颇具代表性。

北京古观象台始建于公元1442年，是明清两代皇家天文台。它是明末清初中西文化交流的重要场所，在国内外享有巨大声誉。在这里，你不仅能看到八架气势雄伟、铸造精湛的清代天文观测仪器，还可以参观《中国古代天文学》展览，全面了解中国古代天文学成就。

赤道经纬仪

赤道经纬仪位于北京古观象台台顶南侧东端，仪重2720千克，仪高3.380米。

漫游银河系

在晴朗无云的晚间，从地球上仰望星空，我们能看到一条缥缈的、银白色的光带，这就是银河系。我们生活的地球以及提供光和热的太阳都只是银河系中很微小的一部分。

科学家认为，银河系约有2000亿到4000亿颗恒星。可以想象，银河系大得惊人！

银河系是什么样的

银河系由银心、银盘和银晕三大部分组成，其直径至少是20万光年。

银心由中心黑洞和棒状区域构成。在银河系的正中心，盘踞着一个质量能达到太阳质量415万倍的巨大黑洞——人马座A*。在人马座A*周围，存在一个恒星相当密集的椭球形的棒状区域，其长轴大概有1万光年。

银心之外是银盘，它是一个直径约为10万光年的盘状结构。银盘上有几个恒星密集的区域，称为旋臂。银河系的主要旋臂有4条，如下图所示。

在银盘之外，还存在着一个更大的球状区域，称为银晕。银晕中稀稀落落地分布着一些古老的恒星和球状星团。

银河系全景图

三千秒差距

英仙旋臂

船底-人马旋臂

矩尺-天鹅旋臂

盾牌-半人马旋臂

望远镜发射的激光瞄准着银河系的核心

银河系的基本结构

数以百万计的恒星组成的球状星团

核球

银晕

飞奔的银河系

银河系不仅自身在高速旋转，而且它和仙女星系正在以惊人的速度向彼此靠近。尽管两个星系相距254万光年之远，但其超大质量产生的引力正将它们以108万千米/时的速度拉近，并且随着距离越来越近，它们之间的引力也越来越大，预计可达150万千米的时速。两个庞大的星系将在几十亿年后相遇并碰撞。大约70亿年后，银河系和仙女星系将合二为一，融合成一个巨大的椭圆星系。这时，一个拥有近万亿颗恒星的新生星系就诞生啦！

仙女星系

被巨大气体云环绕的银河系

天阶夜色凉如水，
坐看牵牛织女星。
——[唐]杜牧

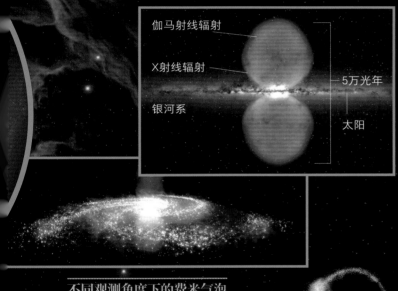

伽马射线辐射

X射线辐射

银河系

5万光年

太阳

不同观测角度下的费米气泡

银盘

古老的恒星流

银河系中的物质并不都位于一个平面上，在星系的上方还形成了三道恒星流，它们位于距离地球1.3万~13万光年的区域。

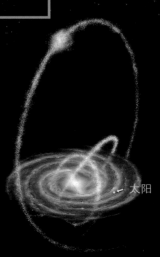

太阳

银河系惊天大发现

银河系外竟然存在两个超级巨大的"气泡"！它们对称地分布在银河系圆盘的两侧，直径高达2.5万光年，相当于银盘直径的四分之一。这就是"费米气泡"。

对于它们的形成，普遍认为源于最近1000万年内发生在银河系中心的某个极端剧烈的天文事件。至于什么事件，主流理论有两种。一是银心的黑洞——人马座A*在吞噬某颗巨大恒星的过程中，产生巨大喷流，这些喷流物质不断扩散，形成费米气泡。二是银河系中心区域的众多大质量恒星同时死去时会喷出大量物质，这些物质不断扩散，形成费米气泡。

银河系的
邻居

宇宙中的大多数星系都离我们极其遥远，
很难用肉眼看到。
但麦哲伦云（包括大麦哲伦云和小麦哲伦云）
是离银河系比较近的星系，
空中的它们犹如雾蒙蒙的光斑。

大麦哲伦云

大麦哲伦云位于剑鱼座和山案座交界处。它的跨度为2.5万~3万光年，包含了大约1000亿个太阳的质量。尽管其中心有一个星系棒及一些旋臂标志，但仍属于不规则星系。科学家普遍认为它最初是旋涡星系，但是在银河系引力的作用下被拉伸成了不规则的形状，从而变成了不规则星系。

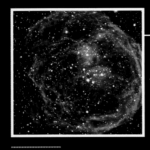

N70星云

N70是大麦哲伦星系中的一个"超级泡泡"，直径约为300光年。它由来自炽热而庞大的恒星和超新星爆炸的气流所创建，其内部充满稀薄而炽热的膨胀气体。

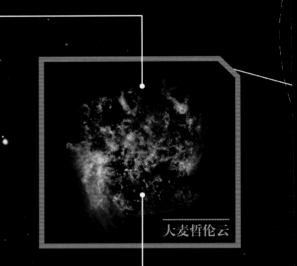

大麦哲伦云

类星体

蜘蛛星云

大麦哲伦云是许多发光气体云的所在地，其中的蜘蛛星云尤其引人瞩目，因外形类似蜘蛛而得名。它的跨度约为1000光年，与地球距离约17万光年。

麦哲伦云的 命名

麦哲伦云是以葡萄牙航海家费迪南德·麦哲伦的名字命名的。16世纪时，麦哲伦在南太平洋航行期间首次精确描述了它们。大麦哲伦云距离银河系约17万光年，比小麦哲伦云近大约3万光年。

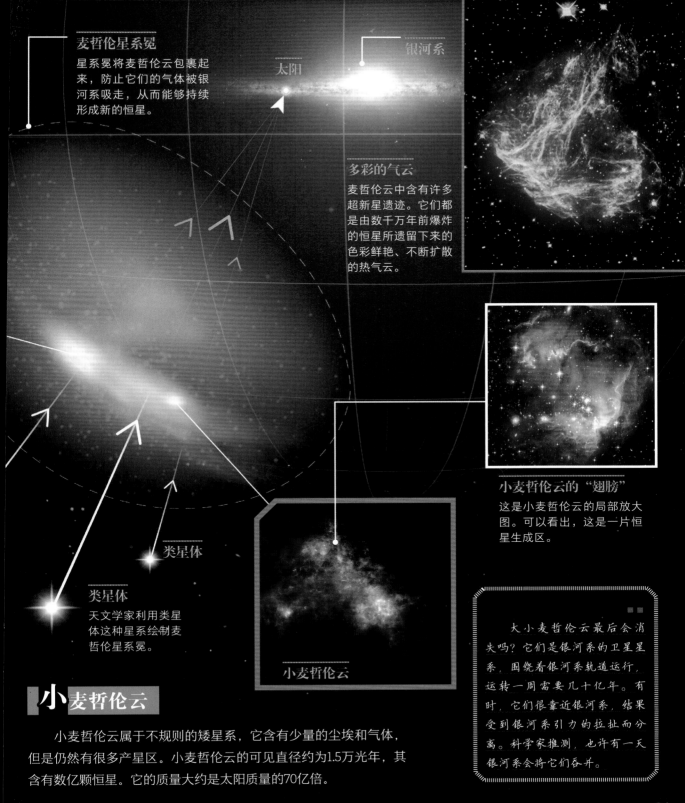

麦哲伦星系冕
星系冕将麦哲伦云包裹起来，防止它们的气体被银河系吸走，从而能够持续形成新的恒星。

太阳

银河系

多彩的气云
麦哲伦云中含有许多超新星遗迹。它们都是由数千万年前爆炸的恒星所遗留下来的色彩鲜艳、不断扩散的热气云。

小麦哲伦云的"翅膀"
这是小麦哲伦云的局部放大图。可以看出，这是一片恒星生成区。

类星体

类星体
天文学家利用类星体这种星系绘制麦哲伦星系冕。

小麦哲伦云

小麦哲伦云

小麦哲伦云属于不规则的矮星系，它含有少量的尘埃和气体，但是仍然有很多产星区。小麦哲伦云的可见直径约为1.5万光年，其含有数亿颗恒星。它的质量大约是太阳质量的70亿倍。

大小麦哲伦云最后会消失吗？它们是银河系的卫星星系，围绕着银河系轨道运行，运转一周需要几十亿年。有时，它们很靠近银河系，结果受到银河系引力的拉扯而分离。科学家推测，也许有一天银河系会将它们吞并。

宇宙星系知多少

宇宙既不仁慈，也不恶毒，
只是对我们这样的小东西漠不关心。
——卡尔·萨根

在晴朗的夜晚，
我们总能看到无数恒星遍布天空。
用肉眼看到的每一个恒星都属于一个群体，
由很多恒星组成的群体被称为星系。
我们的家园所在的星系，
就是银河系。

埃德温·哈勃

哈勃音叉图

哈勃在1926年发表的一篇论文中，正式提出星系分类的标准，即哈勃音叉图。

星系研究的 先驱

1923年，美国天文学家埃德温·哈勃利用胡克望远镜证实仙女星系是位于银河系之外的单独星系。这一发现打破了当时人们的认知：银河系就是整个宇宙的全部。通过对来自遥远天体的光的分析，哈勃也发现，距离我们越远的星系，离我们的速度越快，这就是著名的哈勃定律。哈勃定律确认了宇宙正在加速膨胀。

哈勃的"音叉"

埃德温·哈勃根据形状把星系划分成不同的类型，并且按音叉的图案排列起来。主要类型有椭圆星系、旋涡星系和不规则星系，后又加入透镜状星系表示形状介于椭圆星系和旋涡星系之间的星系。椭圆星系(E)按照它们的圆形或卵形的程度再细分为0到7的不同类型。旋涡星系又细分为正常旋涡星系(S)和棒旋星系(SB)，并按照它们旋臂展开的程度再细分成a、b和c，c是展开程度最大的类型。

椭圆星系

椭圆星系的形状像一个橄榄球，其含有少量气体和尘埃。因此，它们内部有很少的新恒星形成。一些大的椭圆星系可能会通过吞噬其他小星系而变得巨大。许多超大的椭圆星系中可能隐藏着超大质量黑洞。

旋涡星系

旋涡星系的核心特征是存在多条旋臂，也就是恒星比较密集的区域。这些旋臂像风车一样，在一个平面上绕着星系中心旋转。棒旋星系是一种特殊的旋涡星系，它的旋臂从中心"棒"的末端向外弯曲伸出。

透镜星系

有一些星系的形状介于椭圆星系和旋涡星系之间，天文学家将这种星系称为透镜星系，因为它们的形状有点像一个简单的凸透镜，就像我们日常使用的放大镜镜片一样。

不规则星系

还有一类非常特别的星系，它们没有特定的形状，往往是两个星系碰撞的产物，甚至一部分星系发生了严重的扭曲变形，这就是不规则星系。不规则星系中含有大量的气体、尘埃和炽热的蓝色恒星。

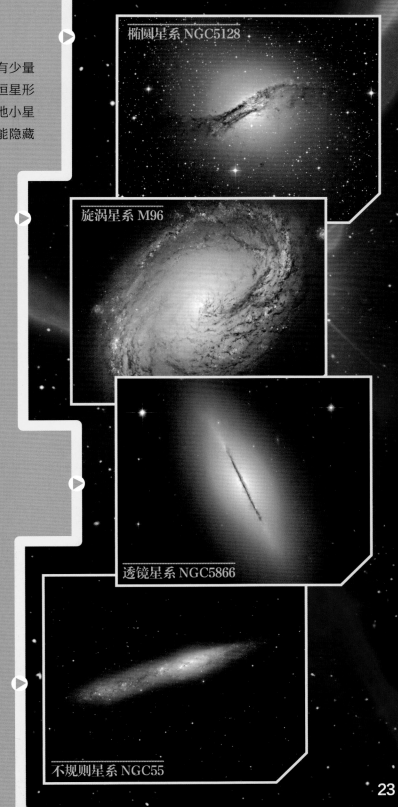

椭圆星系 NGC5128

旋涡星系 M96

透镜星系 NGC5866

不规则星系 NGC55

勤奋工作的 活动星系

宇宙中有许多勤奋工作的活动星系，它们在持续地产生巨大能量。每个星系的中心都有一个超大质量黑洞，那就是星系的动力室。活动星系主要分为4种类型：射电星系、赛弗特星系、耀变体和类星体。

射电星系

射电星系在电磁波谱无线电波段的辐射最强。它中心的黑洞大量吞噬周围的气体云，喷出的气体和粒子流从两边喷涌而出，并肿胀成气泡状快速移动，延伸可达数千甚至数百万光年。

射电星系Hercules A

该星系质量是银河系的1000多倍，它有非常强的等离子体喷流，长度超过100万光年。该星系是天文学家研究最多的射电星系之一，也是整个天空中最亮的射电源之一。

半人马座A

半人马座A距离地球1100万光年，是离地球最近的活跃星系。半人马座A奇怪的形状，是两个正常星系发生碰撞的结果。

半人马座A中恒星诞生时形成的"火焰风暴"。

赛弗特星系

赛弗特星系的核心区域极亮并且释放出强烈的辐射。美国天文学家沃尔特认为赛弗特星系产生宽发射线的核心区域，一定存在强引力场。

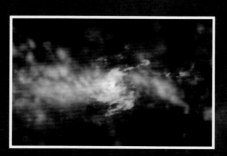

塞弗特星系NGC5643

该图展示了望远镜阵列拍摄的活动星系NGC5643中心区域的伪彩色图像。在红色分子气体和蓝色、橙色的流出热气体光下可以看到螺旋盘。

类星体

遥远星系中有一个活跃的类星体，它正在释放出超乎寻常的巨大能量。

耀变体

耀变体中心的超大质量黑洞会在垂直于其吸积盘的方向上产生高能物质喷流。耀变体喷流恰好指向地球，而且喷流中的带电粒子可以加速到极高能量，使得耀变体被地面上的人们观测时非常明亮。

喷流指向地球方向的耀变体

这是望远镜阵列拍摄的伪彩色图像。科学家认为，或许可以通过耀变体推导出其中心黑洞的质量、吸积盘光度和喷流功率等属性。

2023年3月，北大天文学系吴学兵教授领导的团队在LAMOST（我国天文大科学装置——郭守敬望远镜）类星体巡天中发现三万多类星体，并估算了中心超大质量黑洞的质量。

类星体

类星体很诡异也非常神秘，虽然大小相当于一颗恒星，但它发出的光足以穿越几十亿光年的宇宙空间。更令人惊讶的是，它不仅很亮，还亮得特别持久。

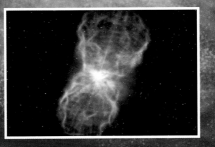

类星体SDSS J1106+1939

这颗类星体每年的喷射物质量总和约为太阳质量的400倍，新发现的喷射流距离位于该类星体中心的超大质量黑洞约有1000光年。

走向宇宙尽头

在之前的旅程中，我们游览了恒星的生命历程，
变幻多姿的星云和星系，
并着重介绍了我们生活的家园所在的银河系。
是否还有比银河系更大的天体系统呢？
当然啦，我们接着往下看。

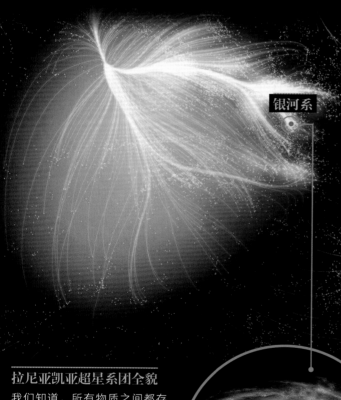

银河系

拉尼亚凯亚超星系团全貌

我们知道，所有物质之间都存在引力。拉尼亚凯亚超星系团中存在数量众多的星系和恒星等物质，如果把物质间的引力想象成蜘蛛丝，那拉尼亚凯亚超星系团就像一张巨大的蜘蛛网。这张蜘蛛网上的十万多个星系都在引力蛛丝的作用下朝着中心谷地的方向运动。

本星系群

银河系并不是孤独地漂泊在宇宙的某一个角落，而是从属于一个更大的天体系统——本星系群。截至2023年，本星系群中共有74个星系，仙女星系是本星系群中的最大霸主；第二大星系便是银河系；还包括我们银河系的邻居——大小麦哲伦云。本星系群的直径约为1000万光年，总质量约为太阳质量的 2.5×10^{12} 倍，形状像一个哑铃。

室女座超星系团

比本星系群更大的天体系统是什么呢？如果我们把本星系群比喻为一座城市，那么室女座超星系团就是拥有100多个城市的省。这其中有一个最大的城市，是与我们相距6000多万光年、拥有约2000个星系的室女座星系团。室女座超星系团，其直径约为1.1亿光年，总质量约为太阳质量的 1.5×10^{15} 倍，主体结构像一个椭圆形的盘子。

拉尼亚凯亚超星系团

比室女座超星系团更大的天体系统是什么呢？那就是拥有10多万个星系的拉尼亚凯亚超星系团。它的主体结构就像是一个巨大的山谷，位于中心谷地的是矩尺座超星系团或是沙普利超星系团（目前尚无定论），位于周边山坡上的则是包括室女座超星系团在内的四个大天体系统。

拉尼亚凯亚超星系团，其直径约为5.2亿光年，总质量至少是太阳的 1×10^{17} 倍。尽管如此庞大，它在宇宙中也排不上号！

人类已知的最大天体结构

2013年，天文学家发现在武仙座和北冕座方向、离地球100亿光年外的地方，存在一个伽马暴特别密集的区域。这片区域包含了几百万个星系，已超过整个可观测宇宙的1/10，后来被人们称为武仙-北冕座长城。

这就是人类目前发现的最大天体结构。这些"长城"汇聚成了延绵数十亿光年的纤维状结构——宇宙网。

仰观宇宙，让我们不禁哀叹："寄蜉蝣于天地，渺沧海之一粟"。

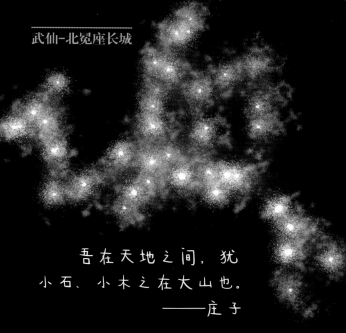

武仙-北冕座长城

吾在天地之间，犹小石、小木之在大山也。

——庄子

无脑天才"黏菌"

黏菌有多聪明呢？它不仅能规划交通，还能画出宇宙网。下面这张宇宙网图片就是科学家受黏菌构建复杂纤维以捕获新食物的方式的启发，通过算法模拟而形成的。

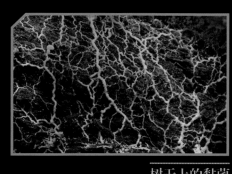

树干上的黏菌

这是天文学家参照黏菌绘制的宇宙网。小小黏菌，真有通天智慧！

厉害了我的国之
郭守敬望远镜

郭守敬设计制造了元代大日晷。

河北兴隆的燕山主峰矗立着一组白色的巨大建筑，这就是我国天文界建成的第一个大科学工程——郭守敬望远镜（LAMOST）。目前，世界上的很多国家和科学家正在使用郭守敬望远镜的数据进行研究工作。郭守敬望远镜像一个超级探险家，带领天文学家们深入探索宇宙的奥秘。

诞生缘由及命名

400多年前的伽利略第一次通过望远镜观测到宇宙深空。那时的天文观测多是针对某个天体或某个区域。但随着天文望远镜的发展以及人类对宇宙的好奇心与日俱增，天文学家也不再满足于天空一隅，而是充满雄心壮志地想要把宇宙中的所有天体普查一遍。郭守敬望远镜正是在此需求下诞生的。

截至2023年3月，郭守敬望远镜发布光谱数量突破2000万条，其巡天数据拓展了我们对于银河系及其他各类天体的认知。

为什么叫郭守敬望远镜呢？这就需要向你介绍我国古代的一位大人物啦！郭守敬是元代著名天文学家、数学家和水利工程专家，他的毕生成就可以用一个成语"经天纬地"来描述。"经天"是说他在天文、历法领域功勋卓著；"纬地"是说他在水利工程等方面贡献巨大。

河北邢台郭守敬纪念馆按照1：1的比例重新复制了郭守敬曾使用过的天文仪器浑仪。

夜幕下的郭守敬望远镜。

科学家利用郭守敬望远镜的巡天光谱数据，在宇宙探索方面取得了新的重要发现。

1

银河系盘（银盘）并非是一个平坦的盘，相反，它在演化历史中一直被扭曲和扰动着。

2

相当长的一段时期内，人们认为银河系的直径大约只有10万光年，但在LAMOST数据的帮助下，现在我们已经知道银河系至少有20万光年之大。

3

精确测量了距离银河系中心1.6万光年至8.1万光年范围内的恒星运动速度，并估算出包含暗物质的银河系的"体重"约为12900亿个太阳质量。

4

发现了一颗绕着"虚空"旋转的恒星；并在这片看似空无一物的区域内发现了吞噬大怪兽——黑洞。

5

发现了锂丰度最高的恒星，其锂含量是太阳的3000多倍。锂对人类很重要，如果人体缺少锂，很多人可能会产生情绪问题；生活中如果少了锂，手机、平板等可能无法工作。

6

发现了一类新的系外行星族群"热海星"，为行星的形成理论提供了新线索。

每个夜晚，LAMOST都在华北大地上仰望星空，与科学家并肩作战，共同探索浩瀚宇宙的秘密。

可怕的吞噬大怪兽

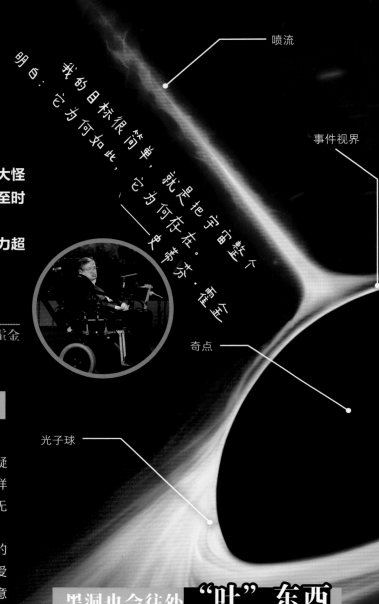

喷流

事件视界

奇点

光子球

宇宙中潜伏着一类数量巨大且看不到的大怪兽，它们在不断吞噬着周围的一切，甚至时空也会被其扭曲变形。这就是黑洞。
简而言之，黑洞就是一类质量超大、引力超大、不能直接被观测到的天体。

我的目标很简单，就是把宇宙搞明白，它为何如此，它为何存在。
——史蒂芬·霍金

史蒂芬·霍金

曲折的 黑洞发现历程

黑洞已经成为最广为人知的天文学名词。但如果问到黑洞的本质，估计很多人感到疑惑。事实上，黑洞就像宇宙中的恐怖监狱一样可怕。一旦你陷入了它的漩涡，就算是光也无法逃脱。

18世纪的约翰·米歇尔最早发现了黑洞的奥秘，将其称为暗星。然而，爱因斯坦和爱丁顿这两位科学巨匠对此提出了强烈的反对意见，导致暗星被视为异端邪说。到了1967年，约翰·惠勒用"黑洞"一词来形容这种能够囚禁光线的暗星。随后，科学家们进行了二十余年的艰辛探索。终于在20世纪90年代，科学家们确定某个伴星的质量达到了太阳的14.8倍，而只有黑洞能够解释这个质量如此之大的不可见天体的存在。

黑洞也会往外 "吐" 东西

正反粒子对在黑洞的边缘不断产生。大部分反粒子会被黑洞吸收，并与黑洞里的正粒子相互抵消，从而减小黑洞的质量。如果正粒子恰好位于黑洞视界线以外，它们就有机会逃跑。当大量正粒子集体逃出时，黑洞就好像在辐射一些粒子出来，这就是霍金辐射。因此，霍金辐射的效果是，黑洞在向外"吐"东西。

落入黑洞的人会怎么样

如果一个宇航员掉进黑洞，他会面临什么样的情形呢？最大的可能性是，他会被拉成一根极端细长的面条。这根面条能细到什么地步呢？答案是其宽度只有一个原子的大小。这个魔鬼般的拉扯力叫做潮汐力，就像月球的潮汐力能够引起地球上海水潮涨潮落的现象一样。

吸积盘

落入黑洞的宇航员想象图

虫洞 开启 穿越宇宙 之门

宇航员掉进黑洞的另一种结局充满了科幻色彩：他通过黑洞内部的一条"隧道"实现了星际旅行，这个隧道就是虫洞。在这之前，我们需要先了解白洞的含义。白洞是与黑洞相反的神秘天体，只能出不能进。如果把一个黑洞和一个白洞拼合在一起，就形成了虫洞。只要落入黑洞的人顺着虫洞穿越中间那条连通两者的通道，就能从与之连通的白洞里跑出来，实现星际旅行。

为了便于理解，我们可以想象有一张非常大的纸，我们要从纸的一端走到另一端。正常情况下，需要走一条横跨整张纸的直线。但是假如我们把纸从中间对折，然后在离两端很近的地方戳一个大洞，就可以抄近路快速到达目的地。这就是虫洞能实现星际旅行的原因。

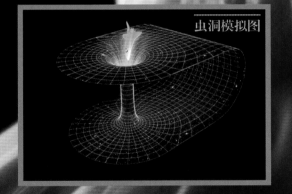

虫洞模拟图

光子稳定轨道

人类历史上拍到的首张黑洞照片。

一个隐藏在星系NGC 1068中的超大质量黑洞。

无处不在的 "隐身侠"

宇宙中存在这样两种物质，
它们看不见摸不着，
却真实存在。
它们遍布整个宇宙空间，
甚至主导着宇宙的形成和演化。
这就是暗物质与暗能量！

它们到底是何方神圣

暗物质是如何被发现的呢？我们以链球比赛为例，当运动员把链球甩起来后，随着链球速度的加快，运动员用来拽住链球的力也要越来越大。而天文学家对星系的观测表明，其旋臂的转动速度随着半径增加而增加，最终达到一个恒定的速度，从而使得星系保持稳定。

我们知道，星系是依靠引力拽住星系中的恒星的，因此，恒星离星系核心越远，速度又要保持不变，那所需要的引力就得越大。科学家无法解释这种现象，认为存在某种质量很大的神秘物质遍布整个星系，后来它被称为暗物质。

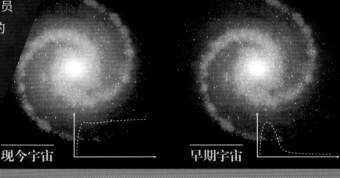

现今宇宙　　　　**早期宇宙**

现今宇宙与早期宇宙星系旋转曲线对比图
早期宇宙中的星系受到的暗物质影响较小，其外部区域比现今星系的旋转速度更慢，而且旋转曲线随着半径增加而下降。

现在

加速膨胀

减缓膨胀

大爆炸
膨胀的宇宙

暗能量的发现

暗能量是如何被发现的呢？宇宙的加速膨胀表明，在宇宙的大尺度上，"万有引力"并不起主导作用，而是某种斥力在主导宇宙的加速膨胀。随着科学探索的深入，科学家最终将这种斥力命名为暗能量。

尽管暗物质与暗能量还未被科学家证实，但它们的引入对于人类认识宇宙有着重要意义。也许某天，这个理论会被证实或是推翻，让我们拭目以待！

暗物质的"嫌疑人"：

Axion和WIMP

虽然暗物质始终没有被我们直接探测到，但科学家们还是根据暗物质呈现出的一些特性，锁定了两种可能成为暗物质的"嫌疑人"：Axion和WIMP。

Axion被称为轴子，它是一种超轻粒子。理论预测轴子的质量极微小，只有10^{-6}到10^{-2}eV（电子的五千亿分之一到五千万分之一），而且电荷和自旋都是零。

WIMP叫做弱相互作用大质量粒子。科学家认为，WIMP是比原子更小的亚原子，但有着巨大的质量。

宇宙网

在宇宙的早期阶段，暗物质构成的"宇宙网"通过引力将氢和氦原子吸引到自身周围，从而促使第一批恒星和第一批星系诞生。

爱因斯坦也会犯错误

爱因斯坦曾希望得到一个静态的宇宙模型，所以在自己的场方程中添加了宇宙常数项，可是后来哈勃的观测结果表明宇宙并不是静止的而是在膨胀。爱因斯坦对自己引入宇宙常数深感懊悔，曾说这是自己一生中最大的错误。

子弹星系团

当两个星系团发生碰撞时，其中一个星系团从另一个星系团的中央一闪而过，就像一颗子弹，因而得名子弹星系团。星系团中的正常物质（粉色区域）在碰撞过程中，因阻力作用逐渐减速。但是暗物质没有减速，而是继续前行，形成了一个弯曲的光环（蓝色区域）。

暗物质环

这幅图中的环形，叫做暗物质环。天文学家认为，暗物质环可能是由两个星系团的碰撞产生的。

星系团Abell520

这张合成图像显示了星系团Abell520核心的暗物质、星系和热气体的分布，该星系团由大质量星系团的剧烈碰撞形成。星系以橙色表示，热气体以绿色表示，暗物质以蓝色表示。可以看出，蓝色和绿色混合区域中几乎没有星系存在。

光
从何处来

宇宙微波背景辐射就像宇宙的老照片一样，
它诞生于大爆炸后的约38万年，
是我们能观测到的最古老的光。
宇宙微波背景将我们带回了宇宙的起源时期，
让我们能够窥探宇宙的谜团和无限可能。

1989年发射的宇宙背景
探测者卫星。

通过对比可以看出，宇宙微波背景辐射图越来越精确。

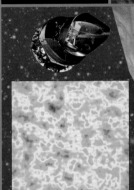

2009年发射的普朗克卫星

发出第一缕光之前

在宇宙诞生的最初几十万年里，那个时候的温度极其高，以至于物质是由质子、中子和电子形成的致密等离子体，这些等离子体散射了光。等到温度慢慢下降，质子、中子和电子开始结合在一起，形成稳定的中性原子。当宇宙突然变得透明起来，光终于可以在宇宙中自由移动，这就是我们今天观察到的宇宙微波背景辐射。

就像一场大变装，宇宙从一个混沌的炼狱到迸发出清澈光芒的宇宙。宇宙微波背景辐射如同一台时光机，带领我们见证宇宙诞生的奇特历程。

月亮

地球

太阳

WMAP借助月球的引力弹弓作用飞向日地系统的第二拉格朗日点（L2）。从左到右分别是太阳、地球、月亮和WMAP。

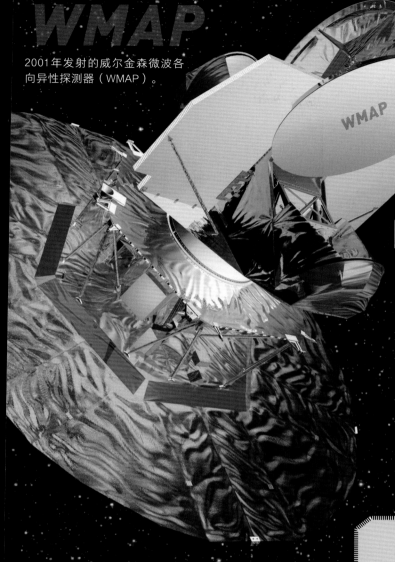

WMAP

2001年发射的威尔金森微波各向异性探测器（WMAP）。

WMAP的观测结果，通过9年的数据合成，它揭示了早期宇宙的性质。它采用不同颜色表示137.7亿年整个宇宙的温度涨落。

如何探测光

在大爆炸之后不久，新生宇宙经历了微小而随机的量子涨落。这些涨落在宇宙的不同区域引发了物质分布的差异。比如，一些更密集的区域最终形成了未来的星系团，并且这些密集区域对宇宙微波背景辐射产生更强烈的影响。我们可以用"温度"的方式来衡量这些信号强度的变化，它们的变化范围很小，因此我们需要非常灵感的仪器来捕捉并记录这些微弱的信号。

一次偶然的发现

宇宙微波背景辐射充满了太空。1964年，物理学家阿尔诺·彭齐亚斯和罗伯特·W·威尔逊偶然发现，无论他们的射电望远镜方向朝哪儿，总能捕捉到一个额外的信号。就此，他们在无意间发现了宇宙微波背景辐射。这也表明，宇宙微波背景辐射在各个方向上几乎一模一样，且与任何事物都毫无关系。

不吹牛，我能用电视看见最初的宇宙。一些读者朋友对于老式电视机的雪花应该印象深刻，而这其实来自宇宙大爆炸。但由于宇宙在膨胀，微波背景辐射的信号源，也就是宇宙边缘在飞速远离我们。因此我们接收到的信号频率是降低了的，但科学家可以反向推演出大爆炸之初的光景。

我们人类只需利用用很简单的仪器，就能看到宇宙大爆炸的余辉——微波背景辐射，真是奇妙！

宇宙会"死"吗

从古至今，人们仰望夜空，观斗转星移：
它似乎变幻万千，又似乎一成不变。
可以说，宇宙中的一切变化，
都离不开两种看不见的力量——
引力和扩张力（由暗能量主导）。
这一对相反作用力始终在进行激烈博弈，
谁能占据上风，谁就能决定宇宙的走向。

大撕裂

如果将来暗能量的体量一直增加，那么宇宙膨胀的加速度会很大，最终会导致宇宙中所有物质的"撕裂"。换句话说，在宇宙的最后时刻，将物质聚集在一起的力——引力，将无条件臣服于由暗能量主导的扩张力。

这种情况下，不仅天体会远离彼此，它们的内部也会分崩离析，连你我的身体都开始四分五裂。最后，原子都会被破坏，宇宙中仅剩下超级大量的能量。这就是宇宙结局之一的"大撕裂"。

巨大的撕裂
在最后的几分之一秒内，所有的物质都以原子的形式破裂而结束。

大撕裂之前10^{-19}秒
原子破碎

大撕裂之前30分钟
地球爆炸

大撕裂之前3个月
行星系统崩溃

大撕裂之前6000万年
银河系被破坏

大撕裂之前220亿年

现在

星系的终结
图为星系解体并且失去其原有引力结构时的艺术呈现。根据大撕裂理论，这将发生在宇宙灭亡之前的6000万年。

地球上路了，人类上路了。

——刘慈欣《流浪地球》

大挤压

大挤压理论认为，宇宙中包含的所有"东西"的质量（质量越大引力越大）足以阻止宇宙膨胀并引发坍缩，最终所有物质将归聚于一点。

这个理论的基础是认为宇宙中的物质会存在一种密度，可以抵抗宇宙膨胀的力量，这种密度被称为"临界密度"。当宇宙达到临界密度时，所有星系共同产生的引力会反转膨胀过程，就像一个气球开始收缩一样。一个收缩的宇宙将变得越来越小，变得更热更密集，这个坍缩过程可以看做膨胀的镜像。

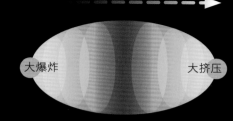

过去　　现在　　　将来

大爆炸　　　　　　大挤压

想一想，宇宙坍缩后会不会重新爆炸出现新的宇宙呢？

根据大挤压理论，宇宙从今天到最后崩塌将经历四个阶段：

1 当前的宇宙：当收缩开始时，宇宙中所有星系产生的引力将阻止膨胀，并使整个宇宙开始坍缩。

2 崩塌和变暖：随着宇宙收缩，星系之间的距离逐渐减少，温度逐渐升高。

3 星系之间的接触：宇宙变得越来越小，越来越热，促使星系中的恒星发生碰撞并产生黑洞。

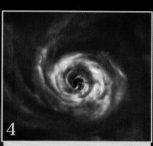

4 宇宙的尽头：很多黑洞合并为单个黑洞。这个黑洞的温度和密度极高，且包含之前宇宙的所有质量。

大冻结

在日常生活中，几乎一切事物都需要某种温度差异，无论是直接的还是间接的。例如，你的汽车能够跑动是因为发动机内部比外部更热。

大冻结假说认为，宇宙的膨胀是无限的，并随膨胀过程而逐渐降温，直到整个宇宙达到均匀的温度为止（宇宙温度将趋近绝对零度，即零下273.15摄氏度）。这种情况下，宇宙中的任何事物都是相同温度，它们不会发生能量转移，也就不会有新的恒星形成。所有的恒星都将走向死亡，最终演变为白矮星、中子星或黑洞。黑洞会将这些残余物吞噬干净，并最终在无限的毫无生气的宇宙中灭绝。

1 当前的宇宙

2 最后一颗恒星

3 黑洞时代

4 黑暗时代

宇宙中有其他智慧生命吗

地球是目前我们已知的唯一适合生命存在的天体，但每年我们都在宇宙中发现围绕其他恒星旋转的新行星。那么，这些行星上是否存在着智慧生命？带着这个疑问，科学家们开启了搜寻地外智慧生命的科学研究。

可能孕育生命的系外行星

截至2022年年底，天文学家已经发现了5000余颗系外行星，并将其划分为四种类型——类地行星、超级地球、冰质巨行星和气态巨行星。天文学家认为，在已发现的5000多颗系外行星中，仅有约1%存在孕育生命的条件。

当然，宇宙中一定存在更多孕育生命的行星，毕竟天文学家对系外行星的探索也才几十年。天文学家估计，银河系中可能存在上亿颗适合生命生存的行星。

1572颗
超级地球

特点：体积比地球大，但比海王星小的系外行星被称为"超级地球"。它们可能是岩质行星，拥有地下海洋，也可能主要由气体构成。

1767颗
冰质巨行星

特点：这些系外行星与太阳系内的天王星和海王星类似。

187颗
类地行星

特点：与地球大小相当的系外行星被称为"类地行星"，其可能由金属内核和外围的岩石构成，表面分布着大陆和海洋。

1512颗
气态巨行星

特点：这些系外行星与太阳系内的土星和木星类似。